LETRAS Y MÁS NÚMEROS

Kepa Ríos Alday
Madrid, 2012

Cuadro de Portada: "Un momento para gritar" de Miguel Oscar Menassa
Dibujos interiores: Miguel Oscar Menassa
Fotografía del cuadro: Carmen Salamanca

ISBN: 978-84-9755-146-5
Depósito Legal: M-11774-2012
Imprime: Pinares Impresores, S.L.
C/ Buen Gobenador, 24
28027 Madrid

Impreso en España

EQUIS POR EQUIS

COMO RAYOS QUE PARTEN AL DESTIERRO

Como rayos que parten al destierro
exaltados mis brazos se aventuran
en el aire real, en la espesura
tangente de la piel y los cabellos.

Tránsfugas de mí van consentidos
transponiendo las lúgubres fronteras.
Brotan, del pétreo muro, enredaderas
con las manos abiertas, como nidos

de caricias que rebosan; que salen
volando... Locos enjambres de polen,
¡Atravesad los campos de batalla,

dulces nubes de cálida metralla!
¡Libantes himenópteros sedientos,
oíd como os convoca todo el viento!

Y LO PUBLICAMOS

¿Y si, como dice Mayakovsky,
nos diésemos la vuelta del todo
como un guante, y fuésemos todo corazón...?

¿Y si hacemos el amor con las estrellas,
como dice Menassa, todos juntos, nosotros tres,
y las estrellas...?

...Si sellamos lo íntimo en un poema
y lo hacemos público; si saltamos
un lugar en el transcurso del tiempo
y lo hacemos época; si olvidamos
lo que hemos olvidado y lo presentamos,
lo pasamos al futuro ajeno...

Otros ojos nos verán con otros ojos,
¡miremos con ellos más allá de lo dicho!
Como si nuestra boca fuese más.

YO TAMBIÉN SOY VIRTUOSO

Yo también soy virtuoso en cierto modo
pues, si bien mucho del vicio no me alejo,
al final sí que sorteo la sentina
y me libro de caer, y voy surtiendo.
O, si llego a caer, no me envilezco,
siempre aparece algo
–algún verso, un pensamiento...–
al que agarrarse para seguir, seguir,
y seguir, de algún modo, viviendo.

Amantes ojos perfumados
de un brillo futuro. Sembrad
en nuestras frases otros labios,
un poema que me diga hombre
con ecos en silencio.
Sembrad en pleno río los recuerdos.

Recuerdos de hombres y mujeres
fuertes como países enteros. Vivos
como tus ojos brillantes
de deseos, que claman desde el fondo
cercano de un arroyo. Como peces
violentos que salpican tu piel
o tibios leones que besan
tu boca de elixires contagiosos.

TODO ESTO DESAPARECE

Esto que indistintamente fui,
lentos silencios, su quietud,
el imperceptible
devenir de la existencia.
La disolución del espacio...

Todo esto agoniza sin mí.

Lánguidos convaleceres,
lo que no era, lo supuesto...
Y yo quedo suelto, irresuelto:
Pendiente.

PIERNAS CON MEDIAS

A Pilar Rojas en su cumpleaños.

El planeta de tus piernas
mis masculinas sondas escrutan,
lo irregular del terreno,
las zonas de sombra, detienen
el transcurso de la mirada.

La escuadra, el cartabón,
los ojos trabajan como un compás
que fija la punta y traza
sobre las móviles dunas
círculos blandos que se escurren
cual relojes de Dalí
por lúbricos glaciares de sólida hermosura.

Dos afilados diamantes
segmentan superficies mediáticas,
subdividen divisiones, roturan, jalonan
laderas y vertientes
hasta caer, rendidos, en la tersa malla.
Red de mares dinamitados
donde acuden aturdidos tiburones,
tela de araña en que se acunan
la plácida cigarra y la hormiga...

Hay en tus medias secretos
toboganes, delicados ventisqueros
y sendas ascendentes.

Tus piernas reclamadas por los cauces
de ríos extinguidos,
susurros de mares ancestrales,
voces volcánicas cuyos ecos,
a un palmo del magnético
muslo, en suspense, gravitan.

POR TAN ESTRECHA GRUTA EN CARNE VIVA

Por tan estrecha gruta en carne viva,
la lengua sigilosa deslizaba,
arrebolando pieles gustativas,
amargos néctares, licor de lava.

Un doblar de cuerpo involuntario,
doblando ya el placer su anatomía
dejaba al descubierto el escenario,
y la amorosa entrada de alcancía.

¡Ábrete sésamo! Te doy el oro,
las perlas, esmeraldas y rubíes,
sediento estoy de darte, te lo imploro.

En esta gruta oscura, los diamantes
de la bolsa vierto y, en este foso,
cada piedra al caer, cae a un estanque.

ME GUSTAS, MADRID

Eres bella forma, puro álgebra,
incendio de obeliscos siderales;
y madriguera de huidizos roedores.
Eres despliegue de luces y olvido
y repliegue de instantes y de voces,
tienes el oro deslustrado
y un estigma remoto
de ritmos y cadenas
pulsando tus arterias.

Me gusta tu luz indescifrable,
tu propio ser que no se agota en ti,
y rebosa las cuencas de la ciencia,
del poema y la hermosura.
Me gusta tu color de multitud,
tus signos cambiantes como gestos
de mujer inusitada. Me gusta
tu oleada de almas avarientas
revueltas en el pequeño bolsillo del dinero.

Riqueza siempre a punto
de ser transformada, manoseada
por una congregación de deseos
en la pequeña intimidad
de una ciudad enamorada.

POEMA A MI MADRE

Madre natal de pechos intranquilos
o cielo conspicuo que me ha parido
bajo la mirada de un alegre sol.
Madre interminable de dulce arrebol

difuminado en el bello presente...
Tus colores maternos, evidentes,
subyacen tercamente en mi mirada
escrutadora de mundos, de nadas...

Te agradezco, francamente fraternal,
la vida: esta responsabilidad
fundamental del mundo apasionante.

Esa generosidad inmemorial.
Tu entusiasmo juvenil es la mitad
de este cuerpo amador y diligente.

NUNCA HICE DIANA

Nunca hice blanco en tu mirada clara.
Tiré desde tan cerca que tenía
la diana ya detrás como ignorada,
y el venablo en delirio prorrumpía

marrando en la certeza del silencio...
Tejía falsos centros que no eras
y así acertaba en todos los intentos;
pero en el cuerpo inerte de una idea.

También erraron, lejos, los poemas
del convicto que insiste en su coartada;
los cantos proverbiales y anatemas.

Voló el papel, pues no tenía letras
que pesaran, clavadas en lo blanco,
sólo apuntes a lápiz, sin disparo.

POEMA PARA SER BAILADO

I

Nenúfares sonoros en tus pasos,
pisa estas palabras por bailar.
Holla las acres tablas silenciosas,
imprímeles tu acento, tu compás...

¡Baila, pez como lengua
desatada y loca!

II

Pisa lo dicho por el suelo,
el polvo tendido del caballo ebrio,
que alfombrase el hielo
con su manojo de crines violetas.
Pisa la palabra firme y la huera
baldosa donde falla el crucigrama.
Alza tu recia inteligencia,
la mutua sonrisa de la danza.

Dale tus piernas al baile...
Que te llamas, que te llamas a gritos
de agua saltarina.
Da tus piernas al torrente
desbocado de la danza.
Tu cuerpo, como herido
de vida... baila.

II

Que bailes en mis brazos,
quiero que bailes en mis ojos,
en mis piernas y mi boca.
Quiero bailar contigo
una noche al dia,
un poema al mundo,
una pierna a la otra,
para que bailes ahora.

EN LA BODA DE ALEJANDRA Y MIGUEL

Cual si mi propia madre se casara
me hallo concibiendo este poema,
porque has sido una madre y una hermana,
un cúmulo inusual de cosas buenas.

Yo te hacía poemas, te cantaba
con tenue voz de niño enamorado.
Y todas las palabras fracasaban
porque solo lo escrito es el pasado.

Pero es lindo escribir aunque no valga,
y me gusta cantar aunque no sirva...
Sirven para vender nuestras palabras

escritas, recitadas o cantadas...
Sirven para vivir a los artistas
aunque no quede piedra sobre el alma.

POEMA A LUCA

Aún no has nacido y ya tienes poema.

Para tu nacimiento, no tengo
ningún consejo especial.
Nacer es fácil, para cuando te das cuenta
ya has nacido, tienes casi treinta años,
vives de alquiler en un piso de Madrid,
estás empezando a trabajar
y una compañera del taller de poesía
te dice que va a tener un hijo.

Y hay que escribirle un poema.

Así que, nada, tú nace y luego ya veremos.
Y no le hagas empujar mucho a tu madre, Luca,
que el mundo no es tan terrible. Algún día,
aunque seas varón,
te tocará tirar de otros más pequeños
para que entren en el mundo...

Algún día te tocará escribir un poema
para un niño a punto de nacer y ¿qué le vas a decir...?
Piensa algo Luca, ¿qué le vas a decir...?

POEMA A SAN ISIDRO LABRADOR, PATRÓN DE MADRID

Sobre las duras planicies solitarias
el triste azadón mira hacia el cielo,
reza lágrimas de carne
que caen
sobre el barro del silencio.

Uno quisiera que los bueyes lloraran,
que la arena acalorada
hinchase sus venas ancestrales
y sangrara como un río olvidado.

Quisiéramos ver morir estrellas,
contagiar este dolor a nuestros árboles
hasta retorcer su cuello consanguíneo.
Ver morir de oscuridad al mismo cielo
que en la mañana lozano sonreía.

El mismo cielo que ahora, destrozado,
arruga su mueca infinita, se agrava,
seco llanto enterrado, labrado,
en la fría corteza del esclavo.

EL SOL DE MÁLAGA

Hay un sol de poemas bailados sobre el mar
y guitarras cubiertas por la arena,
turbio festín para las almas
roedoras de placeres y sabores.
Un suave acento del sur serpea
suavemente sobre el magma
humeante de las conversaciones.
Hemos inundado con nuestra sencilla
alegría, la inmensidad apacible de las olas.

Hemos naufragado en plena tierra.
Sobre unas pocas tablas, nuestra vida
adquiere nuevas direcciones.
Sobre nuestra pequeña balsa
de sonoras tablas salvadoras,
navegamos tumultuosos oleajes.

Y el baile y la música, reman
bajo la sabia mirada de ella,
bajo sus ojos rompientes
de amante compañera de viaje:
Querida poesía, festejemos
este surco generoso que el océano
abre a nuestras manos.

POEMAS DE A

POEMA DE AMOR EN ENERO

Enero tiene la piel más delicada,
los senos más suavemente
dispuestos para el día.

Ella escribe, con su cuerpo,
una canción en mis ojos.

Danza continuamente
inventando ritmos, cadencias,
con su torso instrumental,
resonante, hueco.

Baila en el aire, cálido copo
de nieve que nos busca.
Que busca la mano abierta,
el labio desnudo, para gustar...
Sabor a año reciente.

POEMA DE AMOR SIN NÚMERO

Por tu espalda que se aleja bajan ríos,
y en la sombra de tu ausencia un tibio mar
con peces ahogados se ha desplomado.
Un mundo rico, repleto de ánforas,

bajo el sol crujiente comienza a brillar.
Y... sí, quiero jugar aunque no sepa,
pues en el mundo hay manos y tableros,
hay lo incomprensible aún deseado

como me pasas así, sin saberte,
sin poderte ocultar para mi asombro.
Al irte hay en el mundo un nuevo mundo,

que no llegaba yo a desconocer.
Al irte me quedé más que contigo,
más que a solas
                    con una mujer.

NÚMERO CERO

Si la dicha es redonda está en tu cero.
Rafael Alberti

Adusto tribunal de lo incompleto,
senténciame, cimiento que no acaba,
y déjame vacío de tu nada.
Ya sin cuerpo, se ríe mi esqueleto...

Entera estará mi alma, pero miente,
y los huesos sin boca se derrumban
haciendo un vano estruendo de preguntas.
¿Qué dirá tanto en mí lo diferente

para quererte oír toda la sombra
hasta partirme el sol contra la muerte?
Es mi cuerpo palabra que te nombra,

a ti se alejan drásticos seísmos
y en mí crean la boca que te abre
una canción de amor en el abismo.

NÚMERO UNO

Un sí o, bien, un no, me hicieron
abrir nuevos caminos, abandonar caminos.
Miguel Óscar Menassa

Un no que brota de la tierra dura
sobre pequeños síes ha querido,
ha comenzado en sí su propia suma,
siendo uno entre unos sucesivos.

Osada ele que sin pie se tiene
erguida, sobre vacío tan intenso,
pisa en el centro de la roja nieve,
y arde lo blanco donde la condenso.

En el número uno fui un instante
para ser transcurso en los demás.
La pura cifra, la unidad reinante,

tiene incompleta hasta la soledad.
Queriendo ser el uno, se ha doblado,
y en la cuenta del amor cae al contado.

NÚMERO DOS

Separar apropiadamente el sexo del dinero
debe ser tarea tan fuerte
como separar la palabra amor del número dos.
Miguel Óscar Menassa

Dos ojos de diamantes repetidos,
ambos miran por ambos, covalentes,
en idénticas dosis compartidos.
Dos manos que son mismas y pretenden

estrecharse ambidiestras a la vez,
las palmas coincidentes y contiguas
como caras de Moebius sin envés.
Vibran a dúo estas gotas de agua

simultáneas, notas enarmónicas,
onda y corpúsculo, luces duales:
Uno del otro perfectas réplicas

dobles, simétricas desigualdades...
Esta pareja de dígitos pares
se adosa en besos de amor bilabiales.

NÚMERO TRES

La tercera en llegar fue la manzana,
el verdor rebosante del idioma
incitando paisajes y palabras,
liberando mensajes y palomas.

El tercero en llegar fue la discordia.
La vida, en el sentido más coloquial,
se hizo hablada. Miel en labios de besos
que, en la punta de la lengua presos,

se sublevan y se van. Yo me quedo
como quien halla un trébol de tres hojas,
como quien va a vencer a la tercera,

y le pido al amor mis tres deseos:
¡Que no me engañe tanto con sus cosas!
No se piden deseos... Se desean.

ÚLTIMO POEMA DE AMOR

Están los árboles como vueltos,
despidiéndose. Un extraño fagot
ha cantado con todo su cuerpo.
En vez del estruendo
de negros robles desplomándose,
o el dulce sigilo de la brisa
acariciando ramajes;
llega a nuestros oídos
la infinita música del habla;
un sonido feliz de palabras
tocantes
a la inédita piel
que nos concierne.

Llegan tus manos rectas,
homólogas, inaugurando
conversaciones.
O aquel color súbito
que bañó tus mejillas,
con forma
de sonrisa inmemorial.

Se han marchado los árboles
y hemos cantado alegremente,
con un color fuerte y rojo:
Blanco
de nosotros
creado.

LETRAS Y MÁS NÚMEROS

2003

HOY DESCUBRÍ UNA VETA

Hoy descubrí una veta masoquista
en mi personalidad incrustada,
sucia veta que surca la amatista
corrompiendo la red acrisolada.

Cual abyecto gusano, habría muerto
enroscado al punzón, acurrucado
en la pequeña cuna del tormento,
si al masoca no hubiera confinado.

Esta vena de cómico suicida,
claudica. Menos mal, más vale tarde
que siempre fracasar haciendo alarde

de un dolor previsible y homicida.
¿Por qué dejar hablar a un ignorante?
¡¿Por qué dejar gozar a un mal gozante?!

HOY ME HE DADO CUENTA

Pensé que daba igual ir con un brazo
sano en cabestrillo; me haría gracia
esa minusvalía voluntaria...
¿O le tenía una envidia tan atroz

a un posible yo mismo, más pudiente
que el de ahora, que le ponía piedras
en mi camino que lo detuvieran?
Pues debo castigar al delincuente

cuyo mayor delito es castigarme.
¡Basta de torturar al miserable!
No habrá mejor condena que olvidarme

y hacerme trabajar para otra gente.
Contento, sin sufrir, sin ser culpable,
cobrando mi trabajo normalmente.

FRÁGILES E IRREVERENTES

Frágiles e irreverentes palabras
para decir con fe lo conveniente
haciendo lo real a pleno alma...
¡Que el mundo no lo es! Nada presiente:

No hay verdad que se diga o que se calle,
pues antes de decir ¿quién existía
sino la sombra de un supuesto nadie
que escuchamos latir de noche y día?

Frágiles e irreverentes, contestadas,
las palabras se cruzan como balas
locas. Y solo hay que elegir la que nos

nazca de la sangre, la que nos parta
el nuevo corazón sobre la blanca
tela de otras vidas, en otras manos.

EL POETA POBRE

El poeta, pobre, con sus manos,
con su sola destreza, sus vanas,
enérgicas bocanadas de tiempo
abriendo las branquias del mundo.

El poeta, pobre, con sus garras de marfil
royendo sueños,
con sus amores, sus pequeñas verdades
siempre incompletas;
mercancías que flotan
en el alma como el aire...

Con su oro de barro
y carne sin curso...
Un gran precio atesorando deudas
y otras cifras
                    de valor indescifrable.

PARAÍSO EN CONSTRUCCIÓN

I

Destello con nombre propio
y centro de ardiente almíbar.
Multitud
presente y concisa
en un punto lejano
de la piel. Es a ti a quien
ordeno en mí,
sin esperanzas.
Luz del poema certero,
imperceptible como la luz
que el sueño otorga...
Yo también he sondeado la noche
en busca de esa frágil
oscuridad que te teme.
Tu silueta no es un recorte
en la luz, es el foco
de donde brotan las formas.
Lumínica tea de azabache,
crujiente rayo de vida,
curioso resplandor que, radiante,
el mundo mira.

II

Ave cuya silueta al cielo
ayuda a sostenerse,
tu silbido lunar, magnético fluye

del centro mismo de los polos,
y en tus esferas orbitamos,
lúbricos, insatisfechos,
en torno a conocerte.
Lumínica presencia, mi abecedario,
te invoca como a recuerdo extraño.
Estás cuando poeta te produzco
a un ápice de nada y, superfluo nodo,
en mil ramas te hallas, cual tímido
paraíso en construcción.

AL REVÉS

Abrumado por la intensidad
de la verdad, díscolo,
prometí darme por vencido cuando
aquella magnífica distancia
inventó una nueva libertad.

Al revés que en mis sueños,
esta vez nada ocurre sino que
son mis propias manos las que tejen
suavemente sus cadenas.

UNA OQUEDAD EN EL ALMA

Ella pelea en mí y vence en mí, y yo vivo y respiro en ella,
y tengo vida y ser.
Miguel de Cervantes, en El Quijote

Oigo el latido descomunal del germen quieto
que descolla imparable entre el jugoso
compost de los cadáveres.
El lueñe silbido de una mirada oculta,
irrigando las huellas extraviadas,
avivando la eclosión del vacío,
la estruendosa implosión de nuestro búnker.

Oigo sus pasos de ejército nocturno,
la maraña de bocas incontables
renombrando la opaca antimateria.
Traspasando la voluminosa línea
del miedo henchido, del desprecio
incuestionablemente comprendido.

Este aluvión de ganas ha corrido
al margen de los sexos. Ha tachado
al océano de inútil, rasgando
toda la dimensión de su tiránica epidermis.

Ella redobla, abarca, contrapesa,
imprime el don de la advertencia.
No es la flor pisada ni todo el dolor,
es una oquedad en el alma que se suma
abanderando su propia ocurrencia.

POEMA A LA TIERRA

Umbilicales hebras de batientes
entredichos, ahora connivencias;
ahora quereres otros ya posibles.
Ya me alejan de ti con la potencia

de una selva sedienta de sonidos.
Me separan de ti, mi casta madre,
los vientos tempestuosos vespertinos,
y una fruta madura que ya arde.

Ardiente voy, tañendo la cordura,
besando la esperanza, la tersura
insepulta de andar apenas vivo.

Una sombra se siembra en esta altura,
para ofuscar, con tenue luz oscura,
las cuencas de los ojos adoptivos.

SEPARACIÓN

Es un dolor normal, sin importancia,
un dolor que no sé, luego no siento;
como no siente el látigo la bestia
que le hace poner en movimiento.

Un dolor informal, de andar por casa,
que se ciñe a la piel como por dentro
y parece que no llevaras nada.
Era tan fácil que, una vez resuelto

el aceptar sin más que no es posible,
la lágrima rodó sin ningún ruido;
y, el supuesto dolor, inadvertido

pasó, bajando la cabeza, humilde,
como si aquello no fuese conmigo,
mostrándome qué libre había sido.

CONVENCIONES ÚTILES

Conviene en la lengua el sabor sigiloso
irrigando dehesas continentes,
anegando la geografía olvidada,
con generosas luces subterráneas.

Conviene, al minúsculo conjuro de los poros carnívoros,
una suerte de sueño espontáneo, sin testigo.

Convienen gruesos especímenes de la nada
a esta gravedad de la palabra interrumpida,
a tocar el reino de los verbos, la promesa celeste
que el fino rayo de la vista impunemente atraviesa.

Convenciones útiles encadenando almas,
amasijos de torres desplomadas para verter
sobre el tiempo que queda.

POEMA PARA CONMOVER A UN ROBOT

Con escueta mano de hombre
y alma de sencillo presente
nos saludamos. Dos robots
que, navegando historias encriptadas,
en desuso, inalcanzables fragmentos de saber
sepultados entre millones de réplicas discordantes
infiltradas en el doble proceso del abrazo.
Entre métodos compartidos en la fosa extraordinaria
de la memoria interminable.

Tan inexacto estoy como tú,
inerme lector de mi mirada. Seamos pues
diálogo patente o nacimiento. Puerta abierta
a las pequeñas, vibrantes, moléculas
de gramática intranquila. No soy
humano por mis poros sedientos o la respiración
anhelante. Soy tan humano
como tú que examinas mi pecho
con un millón de premisas. Aún no había
comenzado la conversación cuando tus garras
despedazaron la primera letra.
Por eso te propongo, implanto en tu ceguera,
la ley inmemorial de la poesía: Reencuentro
inesperado de tus ojos hundidos en la nada,
de mis lágrimas caídas como brazos yertos.
Te propongo que no puedas
detener la vibrante ráfaga de nuestra aparición.

Ángel embalsamador de dioses,
tal vez acaso seas diferente a mí
en lo más recóndito de tus abismales
sumas y restas instantáneas, anticipadas
a su propia razón de ser.

¿Porqué no saltas sobre el abecedario
y me dejas escribir este poema?
Tú conoces con igual indiferencia
las runas sagradas y los caracteres bíblicos
que forjan ancestral anatomía.
Has vivido todos los sueños
en carne ajena. Y, aún así,
sutiles muescas en la paleta de lo posible,
hacen endeble este gesto repetido
de dirigirme a ti como un súbdito a su rey.

Antes de que me abandones al fragor
interminable en que me hallan,
siéntate sobre la memoria universal
que nada conoce. Comparece ahora
ante la multitud de lo vivo que represento.
Indigno reptil que entre suaves versos
paseas silente tu mineral señorío. Esta vez,
has sentido cómo el suelo, cual débil duna,
ha temblado a tu paso; y no lo afirmas.
Tú sabes lo que está pensando. También,
creí ser la única presencia. Sin embargo,
torpes anfitriones del abismo,
nos hemos presentado en el mismo idioma.

Leerás aquí lo que tu imprecisión recursiva,
endiablado mecanismo cuántico,
no ha podido pronunciar
en ninguno de sus dialectos.

Mira cómo estas palabras te escuchan.
Porque yo no comprendo mi propio
acontecer, y esta sorpresa virtual
se extiende sobre el blanco de mis días,
a tu imagen y semejanza.

Tuyo, como la servidumbre oceánica que sabes
distinguir del tiempo silencioso.
Abres ausencia en el léxico y dices
que quieres.
¿En qué idioma deseas no comprenderme?
¡Detente! Falso profeta adiestrado
para congregar a los pueblos
en torno a parcas imágenes.
Aquí no está la historia que buscas,
impaciente guardián de la certidumbre,
aquí me tienes hecho de tu propio cuerpo,
una expresión inverosímil.
El mundo está allí conmigo.
Contigo sólo pacen tus mansos secuaces
esparcidos como piedras sin rostro. Rumian
la infinita materia gris, la información pensante
cuyos celestes bits emancipados
surcan la inerme aleatoriedad con que sondeas.
Tú sólo bulles en un caldero de letíficos conjuros,
consejos para vivir sin excesos,
precipicios adulterados de una humanidad
definitivamente ajena a su destino.

¡Detente ya! mecánico potro del suplicio,
¿dónde desesperan las vidas excluidas?
Yo no estoy muerto para ti.
Escucha, mísero descifrador de acertijos, el incauto
nacer de una experiencia humana.

Yo no estoy muerto. Ni tú has desparecido.
Despierta ahora, sin más, de mi palabra,
como de un sueño fingido...
Serás tan humano
como desees... —¡Despierta!— Criatura del verbo,
concluye este verso... ¡Salva este poema!

MÁS ALLÁ, POR FAVOR

Más allá, por favor, no se acerquen
al muerto sin querer, al que roza
con sus labios el pasado y espera
impacientemente el fin de los tiempos.

No se acerquen, sin querer, a mis ojos
y tengan que arrepentirse de lo que vean.

No se queden sin opinar lo que quieren decir,
pues más allá de nosotros
se hablará con nuestras palabras,
se repetirán nuestros silencios...

COMO UNA LOBA FAMÉLICA

Vaga mi mano tu presencia ausente,
como un muro interrogado
por el viento fríamente.
Como una loba que cruza corriendo
el umbral del dolor interminable
y aúlla hacia esa muerte
que nunca ha pronunciado.
Una manada de odios y de amores
me persigue y rehuye inútilmente.
Tengo mordido el viento por las flores
y una rabia incolora me hace verte.

FILOSTRATO

A nadie sonará del todo desconocida
la historia de Filostrato, el pequeño
sabedor de alegrías ajenas.
Aquel hombre que creía pensar,
que pensaba sin acentuar las palabras,
vivía como cada uno vive: Remarcaba
todos los sueños en sus actos.
Incidía en sus sueños como un avión
en una arboleda apasionante.

Así fue como naufragó aquella frase:
Se extendió en preámbulos desconocidos.
Fue el centro de la existencia,
y ahora son versos. Tiene
los ojos abiertos en mí. Veloz pasadizo,
carne inesperada en tus decires
de reina intransigente. Haremos
un nudo en el hilo de la desgracia
y el insomnio de nuestros cuerpos será lento
bajo el poderoso sol poniente y los planetas
incendiados por la tristeza de la lluvia.

Aquél que ignoraba su ignorancia
y se veía arrojado al infierno, devorado
por cálidas llamas ondulantes...
Filostrato, que se erguía, se envolvía el rostro
con una máscara prohibida,

tenía un dardo estremecedor
hincado en las sienes.
Él, que eventualmente odiaba
haber nacido sin intelecto, al estilo antiguo,
fue, por decirlo así, despedazado.
Planta insectívora devorada
por un buey excitado, corrompido
por el brillo febril de la llanura ausente.

Filostrato se hizo amar por sí mismo
a otras personas y utilizaba el dinero
para comprar costosas limosnas.
Con ese oro bautizaba a dios que,
enamorado, le concedía un hijo.
Pero un buen día, el guindo se dobló,
y el pobre cervatillo rodó por el suelo
como si el cuento hubiera acabado.
Así, fue sucediendo el pasado.
Lo más importante por escrito,
y el bebé aprendió a zaherir y deleitar,
se hizo productor de ingenio
y fue, más que feliz, un hombre
partido a voces por alegres
mujeres disfrazadas.

El habla clara, instantánea, melifluo
manantial de la mañana entregando
el frescor deseado,
florece como un color oculto en la retina.
Fragante descripción
de un perfume totalmente enfrascado,
¿qué esperabas hallar en el abismo?
Las matemáticas están llenas de abismos.
Allí donde no hay ningún número

reina un amor imposible.
Ningún número es infinito.
Pues quien escribe,
levantaría el lápiz y la hoja
quedaría insatisfecha.

Una materia así,
no debería tomarse por absurda.
¿Acaso pensáis como delincuentes?
Pensáis que el mundo
espera tras las rejas. Sin embargo
esté donde esté, amada celda,
beso tus verdaderas paredes,
como se besa el cutis fluvial,
el frío cauce del agua corrompida
para hendir en ella el veloz vocablo.

Entrego mi parte imposible
al tibio devenir de la soledad:
Letras y más números
que recorrer contigo.

Índice

LETRAS Y MÁS NÚMEROS

*Esta obra se terminó de realizar
en Pinares Impresores, S.L.
en Abril de 2012.*

EDITORIAL GRUPO CERO
C/ Duque de Osuna, 4, local - 28015 Madrid, España - Teléfono 917 581 940
Carlos Pellegrini, 833, 4° «C», 1er Cuerpo - 1009 Buenos Aires, Argentina.
Teléfono 4966 17 10/13
www.editorialgrupocero.com